Harinath Reddy Nakkala

Cálculo de Escoamentos Invisíveis Compressíveis de Alta Velocidade por Esquemas de Vento Ascendente

Harinath Reddy Nakkala

Cálculo de Escoamentos Invisíveis Compressíveis de Alta Velocidade por Esquemas de Vento Ascendente

ScienciaScripts

Imprint
Any brand names and product names mentioned in this book are subject to trademark, brand or patent protection and are trademarks or registered trademarks of their respective holders. The use of brand names, product names, common names, trade names, product descriptions etc. even without a particular marking in this work is in no way to be construed to mean that such names may be regarded as unrestricted in respect of trademark and brand protection legislation and could thus be used by anyone.

Cover image: www.ingimage.com

This book is a translation from the original published under ISBN 978-620-7-47145-4.

Publisher:
Sciencia Scripts
is a trademark of
Dodo Books Indian Ocean Ltd. and OmniScriptum S.R.L publishing group

120 High Road, East Finchley, London, N2 9ED, United Kingdom
Str. Armeneasca 28/1, office 1, Chisinau MD-2012, Republic of Moldova, Europe
Managing Directors: Ieva Konstantinova, Victoria Ursu
info@omniscriptum.com

Printed at: see last page
ISBN: 978-620-8-37665-9

Conteúdo

Capítulo 1

Introdução

Muitas vezes, as equações que regem o escoamento de fluidos são de natureza hiperbólica. Estes escoamentos são caracterizados por uma direção preferencial de propagação da informação. Como a solução analítica destas equações diferenciais parciais não lineares não é possível na maioria dos casos, a solução numérica é a única alternativa. Os esquemas numéricos, por muito atractivos que sejam do ponto de vista matemático, podem não ser capazes de obter uma solução correta se não tiverem em conta a física envolvida. Uma classe de métodos numéricos é a das diferenças centrais
acompanhado de viscosidade artificial. O esquema de Jameson (1987) é um exemplo típico de tais métodos. Outra classe de métodos, conhecida como métodos de vento ascendente, utiliza a diferenciação unilateral tendo em conta a direção de propagação da informação. Obviamente, estes esquemas têm diretamente em conta a física da situação e, ultimamente, têm sido amplamente utilizados no cálculo de escoamentos regidos por equações hiperbólicas

1.1 Importância dos regimes de vento ascendente

O cálculo de escoamentos regidos pelas equações de Euler compressíveis em torno de aeronaves supersónicas e veículos de lançamento são algumas das situações em que os métodos de vento ascendente são eficazes. Consequentemente, nas últimas décadas, foi desenvolvida uma série de esquemas deste tipo para as equações de Euler. Todos estes esquemas, contudo, não são uniformemente bons para todas as situações.

Alguns destes esquemas são conhecidos por darem soluções não físicas em determinadas situações. O problema da falha sónica do esquema de Steger e Warming (1981) e o choque de expansão do esquema de Roe (1983) são alguns exemplos. Uma vez que os esquemas de vento ascendente são bem conhecidos pela sua capacidade de captar choques e calcular escoamentos numa vasta gama de velocidades e geometrias, a sua popularidade está a aumentar e está em curso uma investigação considerável para renovar as técnicas e alargar a sua gama de aplicabilidade. São amplamente utilizadas no projeto aerodinâmico de diferentes configurações aeroespaciais.

Tendo em conta as discussões precedentes, a importância de estudar os méritos e deméritos relativos dos esquemas de vento ascendente não pode ser subestimada. E é isso que este trabalho tenta fazer em pequena medida. O objetivo é aplicar o maior número possível destes esquemas para calcular fluxos de complexidade variável. Espera-se que o presente estudo revele diferentes aspectos destes métodos, tais como a eficiência em termos de tempo de CPU, a precisão e a robustez, de modo a ajudar um investigador de CFD a decidir qual o esquema a utilizar numa situação física específica.

Tendo isto em conta, foram utilizados diferentes esquemas de vento ascendente para calcular os escoamentos num tubo de choque e num bocal quase unidimensional.

Para escoamentos compressíveis invisíveis, são normalmente utilizadas as equações de Euler. Estas equações descrevem a conservação da massa, do momento e da energia para um fluido compressível. As equações de Euler consistem em leis de conservação da massa, do momento e da energia, expressas em termos de densidade, velocidade e pressão. As equações de Euler contínuas são discretizadas num conjunto de equações algébricas utilizando métodos numéricos. São utilizados esquemas de vento ascendente para discretizar os termos convectivos nas equações. O domínio é dividido numa grelha ou malha, e as variáveis de escoamento são calculadas em pontos discretos ou células dentro da grelha.

As equações que regem o problema são as equações de Euler unidimensionais e o enunciado do problema é o de Sod (1978) para o tubo de choque ow. Para o problema do bocal, o caso de teste é um simples bocal convergente-divergente quasi-unidimensional concebido e testado no Centro de Investigação Langley da NASA, nomeadamente o bocal A2, além de estes cálculos terem sido efectuados para outro bocal. O

Os resultados calculados para o problema do tubo de choque são comparados com os resultados exactos apresentados por Hirsch (1998) e, para o problema do bocal, os resultados obtidos são comparados com a solução analítica. Para este efeito, foi desenvolvido um código em C para resolver as equações de controlo e foi utilizado o software Gnuplot para a representação gráfica.

Capítulo 2

Literatura sobre regimes de vento ascendente

Para a análise numérica do escoamento a números de Mach elevados em torno de objectos como mísseis, veículos de lançamento, etc., as equações de Euler são frequentemente utilizadas, uma vez que, nessas situações, o arrastamento ondulatório supera de longe o arrastamento por fricção da pele. A história das técnicas numéricas para a resolução das equações de Euler inviscidas remonta ao início da década de 1950, com os métodos de primeira ordem de Courant (1952) e Lax e Friedrichs (1954). O desenvolvimento moderno de esquemas numéricos para equações de Euler dependentes do tempo encontra-se no trabalho pioneiro de Lax e Wendroff (1960,1964). Richtmyer e Morton (1967) apresentam uma descrição dos trabalhos anteriores neste domínio.

Os esquemas centrados no espaço de precisão de segunda ordem no espaço foram inicialmente introduzidos com métodos implícitos e lineares de integração no tempo em vários passos por Briley e Mc Donald (1975) e Beam e Warming (1976). O conceito básico subjacente a este esquema é a aplicação das expansões de Taylor e da continuação analítica a equações que são essencialmente de natureza convectiva e, por conseguinte, direcionalmente tendenciosas.

Podem ser desenvolvidos métodos de discretização alternativos que se relacionam com as propriedades físicas de propagação das soluções das equações de Euler. Estes esquemas não centrados no espaço são classificados como esquemas de vento ascendente num sentido global, uma vez que podem ser definidas muitas variantes.

O primeiro esquema explícito de vento ascendente foi introduzido por Courant (1952), tendo sido desenvolvidas várias extensões para a precisão de segunda ordem e integrações temporais implícitas. Em 1960, Lax e Wendroff introduziram um método para o cálculo de escoamentos com choques que era exato de segunda ordem e evitava a mancha excessiva das abordagens anteriores.

A versão de MacCormack (1969) desta técnica tornou-se um dos esquemas numéricos mais utilizados. Estes dois esquemas, no entanto, não são esquemas de vento ascendente. Gary (1978) apresentou um trabalho inicial demonstrando técnicas para mover choques, evitando assim a mancha associada aos esquemas anteriores de captura de choques.

Godunov (1959) propôs a resolução de problemas de dinâmica de fluidos compressíveis multidimensionais utilizando a solução de um problema de Riemann para o cálculo do fluxo em todas as faces. Van Leer (1979) mostrou como os esquemas de ordem superior podiam ser construídos utilizando a mesma ideia. O conceito de divisão de fluxos foi também introduzido como uma técnica para tratar escoamentos dominados pela convecção. Steger e Warming (1981) introduziram a divisão em que os fluxos eram determinados utilizando uma abordagem de vento ascendente. Van Leer (1982) também propôs uma nova técnica de divisão de fluxos para melhorar os métodos existentes. As ideias originais são utilizadas em muitos dos códigos de produção modernos, e continuam a ser introduzidas melhorias no conceito básico. Harten (1983) introduziu a ideia de esquemas de diminuição da variação total (TVD). Isto generalizou o conceito de limitação e conduziu a avanços substanciais na forma como a limitação não linear de fluxos é implementada.

Desde o início da década de 1980, os esquemas de vento ascendente tornaram-se muito populares devido à sólida base teórica da teoria das caraterísticas para sistemas hiperbólicos e, por conseguinte, à sua capacidade de captar descontinuidades.

Após o trabalho pioneiro de Steger e Warming (1981), os esquemas de divisão de vectores de fluxo (FVS) começaram a atrair a atenção dos investigadores. O esquema de divisão de diferenças de fluxo de Roe (1981) é utilizado frequentemente, uma vez que pode tratar tanto o choque estável como a descontinuidade de contacto. Com o aparecimento do esquema de divisão de vectores de fluxo de Van Leer (1982), a aplicação do esquema de divisão de vectores de fluxo com os algoritmos de relaxação implícita tornou-se muito atractiva pela sua eficiência, simplicidade e capacidade de captar as ondas de choque agudas. O esquema de Van Leer mostrou um melhor comportamento do que o esquema de Steger e Warming pela sua transição suave nos pontos sónicos e de estagnação.

Para tratar os escoamentos com ondas de choque e descontinuidades de contacto, é essencial um esquema de vento ascendente preciso e eficiente utilizado como solucionador de Riemann para resolver as descontinuidades. Esse esquema de vento ascendente é particularmente importante quando é incorporado em esquemas de precisão de ordem elevada, tais como um esquema não oscilatório para simular escoamentos turbulentos ou acústicos com descontinuidades. Embora tenham sido feitos progressos no sentido de reduzir a dissipação dos esquemas de vento ascendente e de melhorar a sua capacidade de captar descontinuidades, tem sido dada relativamente menos atenção à resposta a uma questão importante. Será que o esquema satisfaz a condição de entropia? Para esquemas de diferença de fluxos, como o esquema de Roe e o esquema de Osher (1981), sabe-se que o esquema de Roe não satisfaz a condição de entropia e o esquema de Osher satisfaz. Para os esquemas de divisão de vectores de fluxo, como o esquema de Van Leer e o esquema de Steger e Warming, não se sabe se satisfazem a condição de entropia. Relativamente aos esquemas recentemente desenvolvidos, incluindo os esquemas da família AUSM (Advection Upstream Splitting Method) (1996), os esquemas LDFSS (Low Diffusion Flux Splitting) (1995), os esquemas Zha-Bilgen modificados (1999), etc., não há respostas definitivas quanto ao facto de satisfazerem a condição de entropia. G C Zha (1999) efectuou testes numéricos sobre o desempenho de esquemas de vento ascendente para a condição de entropia. Se um esquema de vento ascendente gerar um choque de expansão, considera-se que o esquema viola a condição de entropia. Concluiu que o esquema de Van Leer, o esquema de Van Leer-Hanel e os esquemas do tipo AUSM não satisfazem a condição de entropia. Os esquemas FVS de Steger e Warming, o esquema Zha-Bilgen modificado e o LDFSS de Edwards (1997) satisfazem a condição de entropia. Além disso, comentou que a utilização de um esquema de vento ascendente de ordem superior à primeira ordem evita geralmente choques de expansão.

Capítulo 3

Aspectos teóricos do vento ascendente

Métodos

3.1 Introdução

Este capítulo descreve a origem, a definição e os princípios básicos dos métodos de vento ascendente. Inclui também as equações governantes do escoamento de fluidos na forma de conservação e não conservação. Dá uma breve ideia sobre vários esquemas de divisão de vectores de fluxo que incluem o esquema de Steger e Warming, o esquema de Van Leer, o esquema de Zha-Bilgen, o AUSM, etc. O esquema preditor-corretor de dois passos, o esquema MacCormack, também é descrito.

A família de esquemas upwind, cuja origem remonta a Courant, Isaacson e Reeves (1952), é direcionada para a introdução das propriedades físicas das equações de escoamento na formulação discretizada e conduziu à família de técnicas conhecidas como *Upwinding.* O esquema upwind abrange uma variedade de abordagens, tais como a divisão do vetor de fluxo, a divisão da diferença de fluxo e vários métodos de controlo do fluxo.

A introdução de propriedades físicas no processo de discretização da equação de Euler pode ser efectuada a diferentes níveis. O primeiro nível introduz apenas informação sobre o sinal dos valores próprios, pelo que os termos de fluxo são divididos e discretizados direcionalmente de acordo com o sinal das velocidades de propagação associadas. Isto leva aos métodos de divisão de vectores de fluxo.

No entanto, pode definir-se um nível mais elevado de introdução de propriedades físicas na definição do esquema, seguindo o esquema notável de *Godunov* (1959). No método de Godunov, as variáveis conservativas são consideradas como constantes por partes ao longo das células da malha em cada passo de tempo e a evolução temporal é determinada pela solução exacta do problema de Riemann (tubo de choque) nas fronteiras entre células. Esta abordagem foi alargada a ordens superiores, bem como a variantes, em que o problema de Riemann local é resolvido apenas aproximadamente através de solucionadores de Riemann aproximados. Por vezes, são designados *por métodos de divisão por diferenças de fluxo* e a família de métodos que recorre a propriedades locais exactas ou aproximadas das soluções básicas das equações de Euler é designada por métodos *do tipo Godunov*. Nos últimos anos, o desenvolvimento dos métodos de Steger e Warming, Van Leer, Roe, Osher, entre outros, suscitou um interesse crescente. Os dois primeiros enquadram-se na categoria de esquemas de fluxo dividido e os dois restantes são exemplos de esquemas de fluxo-diferença dividido.

Os esquemas exactos de primeira ordem são geralmente esquemas monótonos quando aplicados a uma equação escalar e fornecerão soluções numéricas sem oscilações. Também satisfazem a *condição de entropia* e, por conseguinte, excluem o aparecimento de choques de expansão numérica. Simulam numericamente as propriedades de propagação de sinal das equações hiperbólicas e satisfazem simultaneamente as leis de conservação, permitindo assim que os choques e outras descontinuidades sejam capturados automaticamente. A sua principal desvantagem é a sua precisão limitada. No entanto, estes esquemas exactos de primeira ordem são utilizados como blocos de construção para a construção de formulações TVD de ordem superior e são, portanto, muito úteis.

3.2 Princípios básicos dos regimes de vento ascendente

O esquema original de Courant (1952) baseava-se na forma caraterística das equações $u_t + cu_x = 0$ e numa discretização dependente do sinal do valor próprio c. Com diferenciação unilateral, pode considerar-se o seguinte esquema para c > 0

$$\frac{u_i^{n+1} - u_i^n}{\Delta t} + c\frac{u_i^n - u_{i-1}^n}{\Delta x} = 0 \qquad (3.1)$$

ou

$$u_i^{n+1} = u_i^n - \lambda(u_i^n - u_{i-1}^n) \qquad (3.2)$$

aqui,

$\lambda =$ Número de Courant $= c\,\frac{\Delta t}{\Delta x}$

Δ®

O erro de truncatura é c $\frac{\Delta x}{2}(1-\lambda)u_{xx}.$. Estas equações têm um erro de truncagem de $O[\Delta t, \Delta x]$. Referimo-nos a este esquema como sendo de primeira ordem, uma vez que apenas o termo de ordem mais baixa no erro de truncagem (T.E) é de primeira ordem. Além disso, este esquema é explícito, uma vez que apenas uma incógnita u_i^{n+1} aparece na equação. Este esquema é estável para um número de Courant λ entre 0 e 1, mas instável para velocidades caraterísticas negativas. Para velocidades de propagação negativas $(\lambda < 0)$, o seguinte esquema unilateral é estável.

$$u_i^{n+1} - u_i^n - \lambda(u_{i+1}^n - u_i^n) \qquad (3.3)$$

Isto mostra que um esquema de vento ascendente não pode ser simultaneamente estável para valores próprios positivos e negativos. Steger e Warming apresentaram argumentos que sustentam esta propriedade para qualquer esquema de vento ascendente não simétrico. Os esquemas (3.2) e (3.3) são designados por *esquemas de vento ascendente.* Estes aplicam uma discretização que depende da direção de propagação da onda ou do sinal da velocidade de convecção c.

O esquema (3.2) é válido para c > 0 e será resolvido prescrevendo uma condição de fronteira física no lado esquerdo, para *i* = 1, não sendo necessária qualquer condição numérica na extremidade jusante do domínio. O inverso aplica-se ao esquema (3.3) que será resolvido varrendo a malha a partir da extremidade de jusante, onde será aplicada uma condição de fronteira física, não sendo necessária qualquer condição em *i* = 1. Uma representação visual é mostrada na Figura 3.1. Os pontos envolvidos na discretização estão sempre do lado da intersecção da caraterística com o eixo *x*, P_+ para c > 0 e F_ para c < 0 .

A solução no ponto *i* em $t = (n+1)\Delta t$ só será influenciada pela informação em $t - n\Delta t.$. As equações de Euler têm geralmente valores próprios de sinal misto e ambos os esquemas (3.2) e (3.3) podem ser combinados da seguinte forma. Definindo projecções positivas e negativas dos valores próprios .

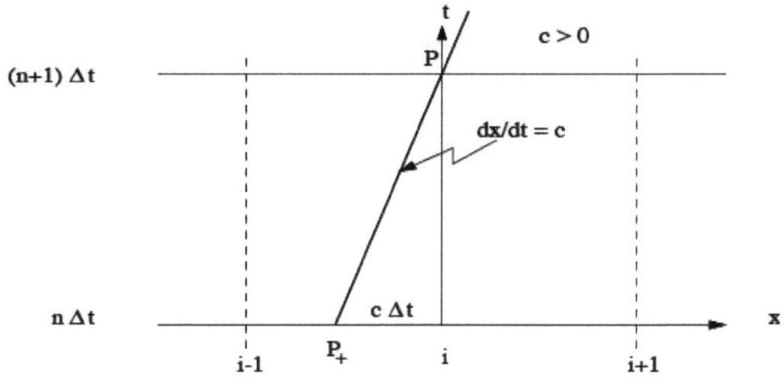

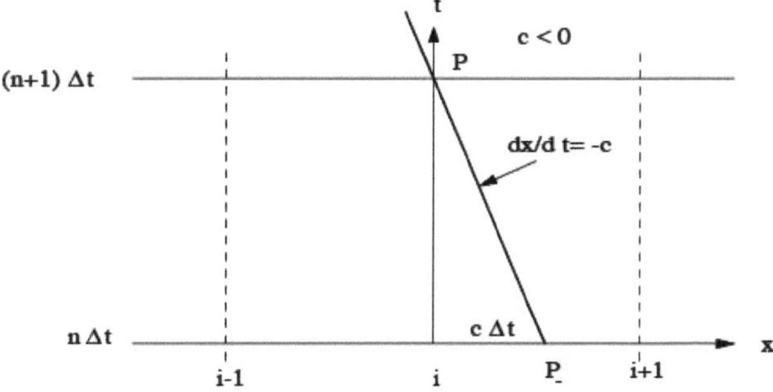

Figura 3.1: Propriedades caraterísticas e discretização upwind.

$$c^+ = max(c,0) = \frac{1}{2}(c + |c|)$$

$$c^- = min(c,0) = \frac{1}{2}(c - |c|)$$

O limite de estabilidade é agora

$$|\lambda| = \tau |c| \leq 1$$

Observar que c^+ é sempre positivo (ou zero), c^- é sempre negativo (ou zero) e que existe um problema de indeterminação quando c=0, que tem de ser tratado com cuidado.

3.3Equações de Euler 1-D (forma de não conservação)

As equações de Euler tratam de escoamentos compressíveis invisíveis. Os problemas que envolvem escoamentos a alta velocidade são geralmente assumidos como invisíveis, porque a espessura da formação da camada limite é muito pequena e, portanto, os efeitos no interior da camada limite podem ser negligenciados desde que o nosso interesse não esteja na região da parede. Assim, podemos utilizar as equações de Euler para resolver vários problemas em Mecânica dos Fluidos e Transferência de Calor. As equações de Euler unidimensionais não estáveis em forma de não conservação são dadas por

$$\frac{\partial \rho}{\partial t} + u\frac{\partial \rho}{\partial x} + \rho\frac{\partial u}{\partial x} = 0 \qquad (3.5)$$

$$\frac{\partial u}{\partial t} + u\frac{\partial u}{\partial x} + \frac{1}{\rho}\frac{\partial p}{\partial x} = 0 \qquad (3.6)$$

$$\frac{\partial p}{\partial t} + u\frac{\partial p}{\partial x} + \gamma p\frac{\partial u}{\partial x} = 0 \qquad (3.7)$$

Para escoamentos 1-D num canal de secção transversal variável *S*, as equações de governo podem ser escritas da seguinte forma

$$\frac{\partial \rho}{\partial t} + u\frac{\partial \rho}{\partial x} + \rho\frac{\partial u}{\partial x} = -\frac{\rho u}{S}\frac{dS}{dx} \qquad (3.8)$$

$$\frac{\partial u}{\partial t} + u\frac{\partial u}{\partial x} + \frac{1}{\rho}\frac{\partial p}{\partial x} = 0 \qquad (3.9)$$

$$\frac{\partial p}{\partial t} + u\frac{\partial p}{\partial x} + \gamma p\frac{\partial u}{\partial x} = -\frac{\rho u c^2}{S}\frac{dS}{dx} \qquad (3.10)$$

3.3.1 Forma de conservação

Na forma de conservação (forma vetorial), as três equações anteriores (3.5) a (3.7) podem ser escritas numa única equação, como se mostra a seguir

$$\frac{\partial U}{\partial t} + \frac{\partial F}{\partial x} = 0 \qquad (3.11)$$

em que II , F são vectores que contêm variáveis conservadoras e fluxos conservadores, respetivamente,

$$U = \begin{bmatrix} \rho \\ \rho u \\ e \end{bmatrix} \qquad F = \begin{bmatrix} \rho u \\ p + \rho u^2 \\ (e+p)u \end{bmatrix}$$

em que *p,pu,e* = massa, momento, energia total por unidade de volume, e é definido como

$$e = \frac{p}{\gamma - 1} + \frac{1}{2}\rho u^2 \qquad (3.12)$$

3.3.2 Propriedade de homogeneidade

A equação de Euler unidimensional (3.11) pode ser escrita como

$$\frac{\partial U}{\partial t} + \frac{\partial F}{\partial U}\frac{\partial U}{\partial x} = 0 \tag{3.13}$$

$$\frac{\partial U}{\partial t} + A\frac{\partial U}{\partial x} = 0 \tag{3.14}$$

$$U = \begin{bmatrix} \rho \\ \rho u \\ e \end{bmatrix} = \begin{bmatrix} U_1 \\ U_2 \\ U_3 \end{bmatrix}; F = \begin{bmatrix} \rho u \\ p + \rho u^2 \\ (e+p)u \end{bmatrix} = \begin{bmatrix} F_1 \\ F_2 \\ F_3 \end{bmatrix}$$

$$F_1 = \rho u = U_2$$

$$F_2 = p + \rho u^2 = (\gamma - 1)U_3 + \frac{3-\gamma}{2}\frac{U_2^2}{U_1}$$

$$F_3 = (p+e)u = \gamma\frac{U_3 U_2}{U_1} - \frac{(\gamma-1)}{2}\frac{U_2^2}{U_1^2}$$

O jacobiano do fluxo é dado por,

$$A = \begin{bmatrix} \frac{\partial F_1}{\partial U_1} & \frac{\partial F_1}{\partial U_2} & \frac{\partial F_1}{\partial U_3} \\ \frac{\partial F_2}{\partial U_1} & \frac{\partial F_2}{\partial U_2} & \frac{\partial F_2}{\partial U_3} \\ \frac{\partial F_3}{\partial U_1} & \frac{\partial F_3}{\partial U_2} & \frac{\partial F_3}{\partial U_3} \end{bmatrix}$$

Pode demonstrar-se que,

$$AU = F$$

que é a propriedade de homogeneidade satisfeita pelos fluxos de Euler. Esta propriedade é utilizada para construir alguns esquemas de upwind para as equações de Euler.

3.4 Método de MacCormack

O método de MacCormack é uma técnica explícita de diferença finita que é exacta de segunda ordem tanto no espaço como no tempo. Embora não se trate de um esquema de vento ascendente, é muito importante estudá-lo antes de passar ao estudo dos esquemas de vento ascendente. Trata-se de uma técnica de previsão-correção em dois passos, com diferenças para a frente no previsor e diferenças para trás no corretor. O primeiro passo é uma discretização de primeira ordem no espaço, que é efetivamente instável para valores positivos da matriz Jacobiana (A), ou seja, para velocidades supersónicas. O segundo passo do corretor é um esquema de primeira ordem para trás, que será instável para velocidades de propagação caraterísticas negativas, ou seja, para escoamentos subsónicos. No entanto, o esquema combinado global é estável. Foi introduzido pela primeira vez em 1969 e tornou-se uma das técnicas de diferenças finitas explícitas mais populares para a resolução de escoamentos de fluidos nos últimos 30 anos. É muito fácil de compreender e programar. Além disso, é um excelente método para introduzir os recém-aprendizes aos prazeres da CFD. O método de MacCormack, tal como o método de Lax-Wendroff, baseia-se na expansão da série de Taylor no tempo.

A equação que rege o escoamento do fluido em notação vetorial é dada por,

$$\frac{\partial U}{\partial t} + \frac{\partial F}{\partial x} = 0$$

Através da expansão em série de Taylor, as variáveis do campo de escoamento são avançadas em cada ponto da grelha em passos de tempo, como se mostra a seguir:

$$U_i^{n+1} = U_i^n + \left(\frac{\partial U}{\partial t}\right)_{av} \Delta t. \qquad (3.15)$$

em que *U* é uma variável do campo de escoamento que se presume conhecida no tempo *t*, quer a partir das condições iniciais, quer a partir da iteração anterior no tempo $(\partial U/\partial t)_{av}$ \s definida como,

$$\left(\frac{\partial U}{\partial t}\right)_{av} = \frac{1}{2}\left[\left(\frac{\partial U}{\partial t}\right)_i^n + \left(\frac{\partial \bar{U}}{\partial t}\right)_i^{n+1}\right]. \qquad (3.16)$$

Para obter o valor de (^r)<™, são dados os seguintes passos:

1. (4^-)" é calculada utilizando diferenças progressivas no lado direito das equações que regem o sistema a partir do campo conhecido no instante *t*.
2. A partir do passo 1, os valores previstos das variáveis do campo de escoamento podem ser obtidos no tempo *t* + At, do seguinte modo

$t + \Delta t,$;

$$\bar{U}_i^{n+1} - U_i^n + \left(\frac{\partial U}{\partial t}\right)_i^n \Delta t. \qquad (3.17)$$

Combinando os passos 1 e 2, os valores previstos são determinados da seguinte forma: ₽Γ^{+1} = 4*-^(í7+ ı--A)-

(3.18)

3. Utilizando as diferenças espaciais da retaguarda, pode obter-se a derivada temporal prevista *(dÜ/dt)f*$^{+1}$.
4. Finalmente, substitua *(dU/dt)¿*$^{+1}$ na equação (3.16) para obter valores exactos de segunda ordem corrigidos de *U* no instante t + At.

$$\bar{U}_i^{n+1} = U_i^n - \frac{\Delta t}{\Delta x}\left(F_{i+1}^n - F_i^n\right). \qquad (3.18)$$

Os passos 1 e 4 são repetidos até que as variáveis do campo de escoamento se aproximem do valor de estado estacionário.

3.5 Esquemas de divisão do fluxo

A ideia subjacente à divisão do vetor de fluxo consiste em dividir as contribuições do fluxo em componentes positivos e negativos, sendo a divisão baseada na estrutura de valores próprios do sistema.

3.5.1 Esquema de divisão de fluxo de Steger e Warming

Todo o conceito de divisão de fluxos depende do facto de os fluxos serem assumidos como funções homogéneas de grau um em U. Ao dividir os fluxos, assume-se que o fluxo é composto por uma componente positiva e uma componente negativa. O jacobiano do fluxo é dado por,

$$A = Q\Lambda Q^{-1}$$

onde, *Q* e Q^{-1} são matrizes de transformação e Λ é uma matriz diagonal, cujos elementos são valores próprios de *A* . Λ é dada por,

$$\Lambda = \begin{bmatrix} u & 0 & 0 \\ 0 & u+c & 0 \\ 0 & 0 & u-c \end{bmatrix}$$

Assim, a formulação a favor do vento pode ser obtida com os Jacobianos

$$A^+ = Q\Lambda^+Q^{-1}$$

$$A^- = Q\Lambda^-Q^{-1}$$

Os fluxos associados a estes Jacobianos divididos são obtidos a partir da propriedade de homogeneidade do vetor de fluxo $F(U)$. $F(U)$ é uma função homogénea de grau um em U, ou seja

$$F = AU$$

e a divisão de fluxos pode ser definida como,

$$F^+ = A^+U$$

$$F^- = A^-U$$

As expressões de fluxo são dadas por,

$$F^+ = \frac{\rho}{2\gamma}\begin{vmatrix} (2\gamma-1)u+c \\ 2(\gamma-1)u^2+(u+c)^2 \\ (\gamma-1)u^3+\frac{(u+c)^3}{2}+\frac{(3-\gamma)}{2(\gamma-1)}(u+c)c^2 \end{vmatrix}$$

$$F^- = \frac{\rho(u-c)}{2\gamma}\begin{vmatrix} 1 \\ u-c \\ \frac{(u-c)^2}{2}-\frac{3-\gamma}{\gamma-1}\frac{c^2}{2} \end{vmatrix}$$

3.5.2 Esquema de Fluxo Dividido de Van Leer

Os jacobianos dos fluxos divididos F^+ e F^- , tal como definidos acima, não são continuamente diferenciáveis, uma vez que têm descontinuidades nas velocidades sónicas. Isto causará certas dificuldades, uma vez que pode ocorrer uma descontinuidade no declive (chamada *falha sónica)* na transição sónica na solução calculada. Van Leer introduziu um esquema de divisão de fluxos impondo um certo número de condições em F^+ e F^- para contornar o problema. Os seus fluxos divididos são dados por,

$$F^{+} = \frac{\rho}{4c}(u+c)^2 \begin{vmatrix} 1 \\ \frac{(\gamma-1)u+2c}{\gamma} \\ \frac{((\gamma-1)u+2c)^2}{2(\gamma^2-1)} \end{vmatrix}$$

$$F^{-} = -\frac{\rho}{4c}(u+c)^2 \begin{vmatrix} 1 \\ \frac{(\gamma-1)u-2c}{\gamma} \\ \frac{(2c-(\gamma-1)u)^2}{2(\gamma^2-1)} \end{vmatrix}$$

3.5.3 Esquema Zha - Bilgen

Este esquema de divisão do vetor de fluxo tem como objetivo obter o desaparecimento do fluxo de massa individual dividido com o número de Mach a atingir zero e manter as vantagens da divisão do vetor de fluxo, tais como a capacidade de captar os perfis de choque nítidos, a simplicidade e a eficiência. O fluxo de interface é dividido em duas partes de acordo com os valores próprios, o vetor convectivo (C) e o vetor de pressão (P). Os elementos do vetor são mais simples do que os do esquema AUSM. Uma das principais vantagens deste esquema é a sua simplicidade. À semelhança do esquema de Van Leer e do AUSM (Advection Upstream Splitting Method), não necessita das operações matriciais exigidas pelo esquema de Roe. As formulações são polinomiais em M (número de Mach) e de grau um, que é o grau mais baixo possível. A implementação deste esquema é ainda mais fácil do que a do esquema AUSM.

A forma da formulação é natural e, por conseguinte, a mais simples. Funciona corretamente para captar a onda de choque monótona e nítida. O vetor de fluxo é dividido em duas partes - nomeadamente termos convectivos e de pressão, como se indica a seguir.

$$C = u \begin{bmatrix} \rho \\ \rho u \\ e \end{bmatrix}, \qquad P = \begin{bmatrix} 0 \\ p \\ pu \end{bmatrix}$$

Obviamente, os valores próprios do Jacobiano de C e P são (u, u, u) e (0, c, -c), respetivamente. Isto sugere que a informação dos termos convectivos se propaga uniformemente na mesma direção que o vetor velocidade *u*, e a informação dos termos de pressão acompanha os termos convectivos à velocidade *u* e propaga-se em todas as direcções à velocidade do som c. O presente esquema é concebido para avaliar o fluxo de interface $F_{i+1/2}$ em locais como $(i + 1/2\Delta x)$ de acordo com as direcções de viagem da informação dos vectores *C* e *P*, respetivamente. Os pormenores do esquema são apresentados a seguir.

$$F_{i+1/2} = F_L^{+} + F_R^{-}. \qquad (3.20)$$

Para o escoamento subsónico, os termos de pressão são determinados por

$$P_{i+1/2} = P_L^{+} + P_R^{-}$$

Onde

$$P^{\pm} = \frac{1}{2}\begin{bmatrix} 0 \\ p(1 \pm M) \\ p(u \pm c) \end{bmatrix}$$

Os termos convectivos são,

$$if \quad c > u \geq 0, \quad C_{i+1/2} = C_L^+ + C_R^-, \quad where \quad C_L^+ = C_L, \quad C_R^- = 0$$

$$if \quad -c < u < 0, \quad C_{i+1/2} = C_L^+ + C_R^-, \quad where \quad C_L^+ = 0, \quad C_R^- = C_R$$

$$F_L^+ = C_L^+ + P_R^-$$

$$F_R^- = C_R^+ + P_R^-$$

De acordo com este esquema, a equação (3.20) pode ser escrita como uma diferenciação central mais os termos difusivos. Seja

$$D = |u|\begin{bmatrix} \rho \\ \rho u \\ e \end{bmatrix} + \begin{bmatrix} 0 \\ pM \\ pc \end{bmatrix}$$

O vetor difusivo D_{dif} pode ser expresso como

$$D_{dif} = \frac{1}{2}(D_R - D_L).$$

Finalmente, o esquema pode ser escrito como,

$$F_{i+1/2} = \frac{1}{2}[F_L^+ + F_R^-] - D_{dif}. \qquad (3.21)$$

Para o escoamento supersónico, é o mesmo que o esquema normal de diferenciação a favor do vento, ou seja

$$F_{i+1/2} = F_L^+ + F_R^-$$

$$if \quad u \geq c, \quad F_L^+ = F_L, \quad F_R^- = 0.$$

$$if \quad u \leq -c, \quad F_L^+ = 0, \quad F_R^- = F_R.$$

3.5.4 Método de divisão a montante por advecção (AUSM)

A procura de um esquema numérico mais preciso para capturar o choque e a descontinuidade de contacto, com o mínimo de dissipação e oscilação numérica, tem sido um desafio duradouro para o fluidodinamicista computacional, bem como para os analistas numéricos. A investigação atual é motivada pelo desejo de alcançar tanto a eficiência da divisão fluxo-vetorial como a precisão da divisão fluxo-diferença. Assim, uma nova geração de esquemas de vento ascendente tem sido produzida desde o início dos anos 90. Para que um esquema seja útil na prática, deve ter robustez e estabilidade para uma vasta gama de problemas - Euler e Navier-Stokes e de equações de gás ideal e de não-equilíbrio em escoamentos estáveis e não-estáveis. Tentativas recentes de derivar um esquema que satisfaça estes objectivos têm-se revelado promissoras, resultando em duas classes de esquemas: (1) *AUS M* e seus derivados, tais como *AUSMDV* de Wada e Liou (1977) e *AUSM*$^+$ (2) esquema *HUS* (Hybrid Upwind Splitting) (1993).

O esquema AUSM não necessita da operação matricial requerida pelo esquema de Roe e possui apenas O(n) operações por grelha em vez de $O(n^2)$ para o esquema de Roe, onde *n* é o número de equações. Além disso, verifica-se que o esquema AUSM tem um desempenho muito bom para um escoamento supersónico 2D sobre um corpo circular rombo, para o qual o esquema de Roe apresenta soluções anómalas. Isto pode dever-se ao facto de o esquema de Roe não satisfazer a condição de entropia e poder admitir soluções não físicas, tais como ondas de choque de expansão. Apresenta-se aqui uma breve descrição do esquema AUSM em forma de ID.

O fluxo *F* pode ser escrito como

$$F = |u|\begin{bmatrix}\rho\\ \rho u\\ \rho H\end{bmatrix} + \begin{bmatrix}0\\ p\\ 0\end{bmatrix} = M\begin{bmatrix}\rho c\\ \rho uc\\ \rho Hc\end{bmatrix} + \begin{bmatrix}0\\ p\\ 0\end{bmatrix}$$

em que *H* é a entalpia. Para um escoamento subsónico, o fluxo na interface pode ser escrito da seguinte forma:

Seja

$$E = \begin{bmatrix}\rho c\\ \rho cu\\ \rho cH\end{bmatrix}$$

$$F_{1/2} = \frac{1}{2}M_{1/2}[E_L + E_R] - \frac{1}{2}|M_{1/2}|\Delta_{1/2}E + \begin{bmatrix}0\\ P_L^+ + P_R^-\\ 0\end{bmatrix}. \qquad (3.22)$$

Onde

$$M_{1/2} = M_L^+ + M_R^-$$

A divisão de Van Leer é utilizada para avaliar $M^\pm$, i.e. $M^\pm = +\frac{1}{4}(M+1)^2$

$$\Delta_{1/2}E = E_R - E_L$$

Existem duas opções para a divisão de pressão. A primeira é o polinómio de terceira ordem de *M* e é expressa como

$$P^+ = \frac{P}{4}(M\pm 1)^2(2\mp M)$$

A segunda é a forma mais simples possível da ordem mais baixa

$$P^\pm = \frac{P}{2}(1\pm M)$$

A escolha 2 pode dar origem a um perfil de choque monótono e a escolha 1 pode dar origem a oscilações perto do choque.

3.6 Interpretação dos fluxos numéricos

A interpretação dos fluxos numéricos associados ao esquema de vento ascendente de primeira ordem é apresentada na Figura (3.2). A contribuição do fluxo para a variação temporal da solução no ponto *i* é descrita pelo equilíbrio entre os fluxos $f_{i+1/2}$ e $f_{i-1/2}$. Se os fluxos f^+ e f^- forem associados às caraterísticas de sinais positivos e negativos, verifica-se que $f_{i+1/2}$ é a soma dos fluxos que entram na célula $(i, i+1)$, , nomeadamente f_i^+ e f_{i+1}^-, e de forma semelhante para $f_{i-1/2}$, que é formado pelo fluxo que entra na célula $(i, i-1)$.

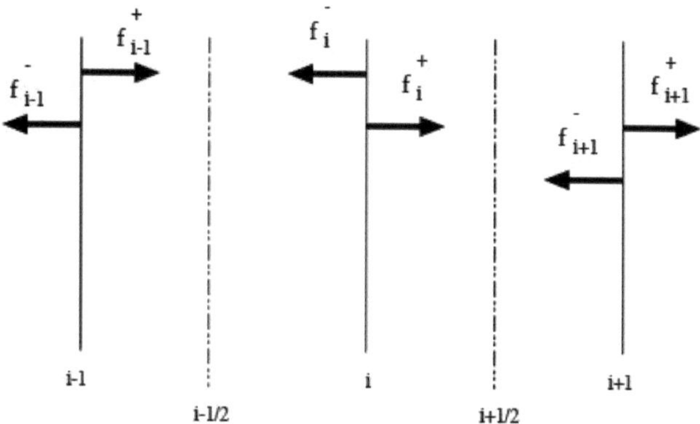

Figura 3.2: Interpretação dos fluxos numéricos.

3.7 Condição CFL - Critério de estabilidade

Um dos primeiros trabalhos sobre métodos de diferenças finitas para equações diferenciais parciais foi escrito em 1928 por Courant, Friedrich e Lewy. Utilizaram métodos de diferenças finitas como uma ferramenta analítica para fornecer a existência de soluções de certas EDPs. No decurso do estudo da convergência desta sequência, reconheceram que uma condição de estabilidade necessária para qualquer método numérico é que o domínio de dependência da EDP, pelo menos no limite, seja $\Delta t,\ \Delta x \rightarrow 0.$. Esta condição é conhecida como condição CFL, em homenagem a Courant, Friedrich e Lewy.

Todos os esquemas requerem a especificação de um incremento de tempo, $\Delta t.$. Para os métodos explícitos, o valor de At *não pode* ser arbitrário, mas deve ser inferior a um valor máximo permitido para a estabilidade.

Considere-se a equação de onda de primeira ordem, $\frac{\partial u}{\partial t} + c\frac{\partial u}{\partial x} = 0,$ onde c é a velocidade de propagação da onda. Se a onda estiver a propagar-se através de um gás que já tem uma velocidade *u*, então a onda viajará à velocidade *(u + c)* em relação à vizinhança estacionária. Para esse caso,

$$\Delta t = \lambda\left(\frac{\Delta x}{u + c}\right)$$

em que λ é o número de Courant.

O critério CFL é o seguinte: $\Delta t.$ deve ser inferior ou, no máximo, igual ao tempo necessário para uma onda sonora se propagar entre dois pontos de grelha adjacentes, ou seja

$$\Delta t \leq \frac{\Delta x}{u + c}$$

Capítulo 4

Os problemas e as questões conexas

4.1 Introdução

Este capítulo descreve os problemas que atacámos numericamente, que incluem o escoamento através de um tubo de choque e de um bocal quase unidimensional. Embora a construção do tubo de choque seja simples, a física envolvida é muito complicada porque envolve choque, descontinuidade de contacto e onda de expansão. Se um esquema for capaz de resolver estas três regiões com muita precisão, então podemos dizer que o esquema tem a capacidade de lidar com situações de escoamento complexas. O problema do bocal é um problema ideal para verificar se os esquemas violam a condição de entropia.

4.2 O problema do tubo de choque

O choque é uma perturbação física no fluxo. Se a onda se propaga num fluxo que, por sua vez, se move com a mesma velocidade na direção oposta, então a onda parece estacionária no espaço. Neste caso, todas as propriedades do campo de escoamento dependem apenas do espaço. Este tipo de escoamento é designado por escoamento estacionário e o movimento da onda é designado por *movimento ondulatório estacionário.* Se o caudal a montante da onda for nulo, a onda de choque deixa de estar limitada e propaga-se no espaço. No caso de uma onda em movimento, todas as propriedades dependem não só do espaço mas também do tempo. Trata-se de um escoamento não estacionário e o movimento da onda é designado por *movimento de onda não estacionário.* Uma aplicação importante do movimento de onda instável é um *tubo de choque,* onde as propriedades mudam com o espaço e o tempo, e encontramos um movimento de onda constante num bocal quase unidimensional. O tubo de choque é um tubo comprido, fechado em ambas as extremidades, com um diafragma que separa uma região de gás a alta pressão de um lado e uma região de gás a baixa pressão do outro lado. A velocidade é nula em todo o lado. A distribuição da pressão é mostrada na Figura (4.1). Quando o diafragma é quebrado (por corrente eléctrica ou por meios mecânicos), uma onda de choque propaga-se para R (lado de baixa pressão) e uma onda de expansão propaga-se para a secção L (lado de alta pressão). A interface entre a região de alta pressão e a região de baixa pressão é designada por *descontinuidade de contacto,* que também se desloca para o lado de baixa pressão. As alterações de todas as propriedades termodinâmicas em todas as regiões são de interesse.

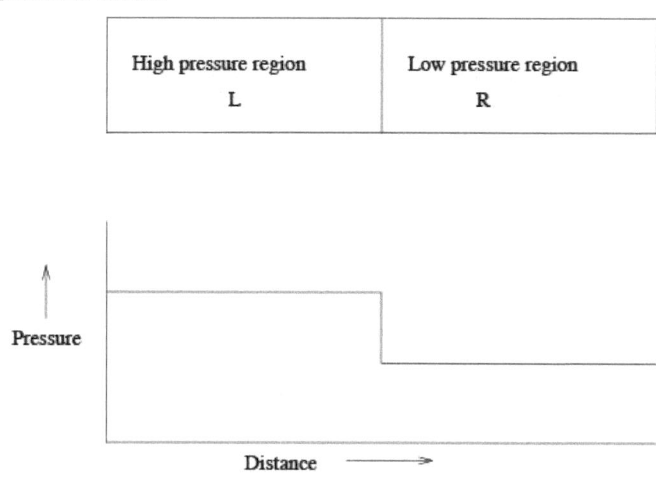

Região de alta pressão Região de baixa pressão

Pressão Distância

Figura 4.1: Distribuição da pressão no tubo de choque antes da rutura do diafragma.

O problema do tubo de choque constitui um caso de teste particularmente interessante e difícil, uma vez que

requer a solução de um sistema completo de equações de Euler unidimensionais contendo simultaneamente uma onda de choque, uma descontinuidade de contacto e um ventilador de expansão.
O problema específico, também chamado *problema de Riemann,* é de interesse prático e teórico. Pode ser realizado experimentalmente através da rutura súbita de um diafragma num longo tubo unidimensional que separa dois estados iniciais de gás a diferentes pressões e densidades. As condições iniciais são,

$$u = u_L,\ p = p_L,\ \rho = \rho_L, \qquad x < x_0 \qquad t = 0$$

$$u = u_R\ p = p_R\ \rho = \rho_R \qquad x > x_0 \qquad t = 0$$

com $p_R < p_L$ e o diafragma está localizado em $x = x_Q$. *Assumimos* que as duas regiões contêm o mesmo gás. Se os efeitos viscosos forem desprezados ao longo das paredes do tubo e se for considerado um tubo infinitamente longo, evitando reflexões nas extremidades do tubo, a solução exacta das equações de Euler pode ser obtida com base em ondas simples que separam regiões de condições uniformes.

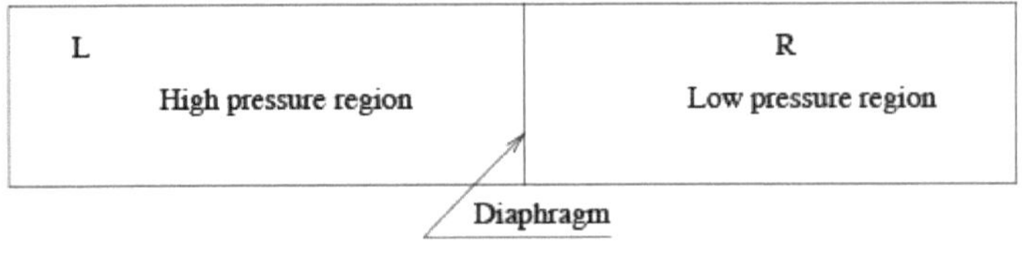

Initial state at t=0

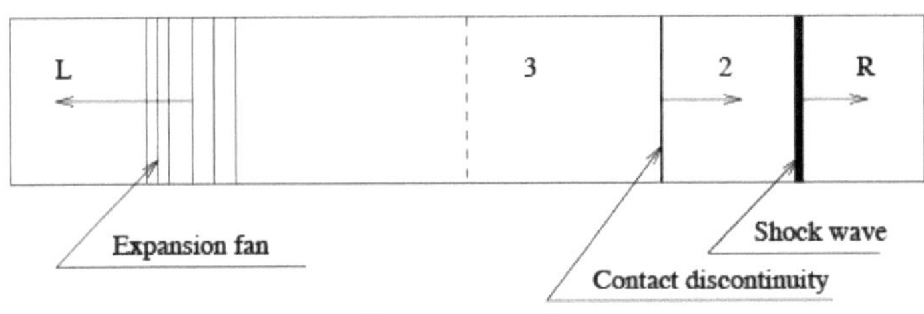

Flow state at t > 0

Região de alta pressão Região de baixa pressão

Diafragma

Estado inicial em t=0

Ventoinha de expansão Onda de choque

Descontinuidade de contacto

Estado do fluxo em t > 0

Figura 4.2: Apresentação esquemática do fluxo do tubo de choque.

Na rutura do diafragma no tempo t = 0, a descontinuidade de pressão propaga-se para a direita no gás de baixa pressão e simultaneamente uma ventoinha de expansão propaga-se para a esquerda no gás de alta pressão. Além disso, uma descontinuidade de contacto que separa as duas regiões de gás propaga-se para a direita no tubo. A partir da Figura (4.2), distinguimos as seguintes regiões: a região R contém o gás não perturbado à baixa pressão p_R . É separada por uma onda de choque da região 2, que representa o gás a baixa pressão. A descontinuidade de contacto separa a região 2 da região 3 do gás de alta pressão perturbado, que por sua vez foi influenciado pelo leque de expansão que se propaga para a esquerda na região L do gás de alta pressão não perturbado.

O choque é gerado entre as regiões R e 2, e aqui as relações normais de choque são válidas. A superfície de contacto apresenta uma descontinuidade na densidade, mas a pressão e a velocidade normal à superfície são contínuas. Por conseguinte, se a descontinuidade de contacto se propagar a uma velocidade igual a u_2, então $p_3 = p_2$; $u_3 = u_2$. Através da expansão, a entropia do ventilador permanece constante e as restantes propriedades variam continuamente. O problema do tubo de choque pode ser resolvido utilizando os diferentes esquemas mencionados no capítulo 3. Serão apresentadas soluções típicas para as seguintes condições iniciais de Sod (1978), problema 1 :

$$p_L = 10^5 Pa, \quad \rho_L = 1 kg/m^3, \quad u_L = 0; \quad p_R = 10^4 Pa, \quad \rho_R = 0.125 kg/m^3, \quad u_R = 0$$

correspondente a um rácio de pressão de 10. problema 2 :

$$p_L = 10^5 Pa, \quad \rho_L = 1 kg/m^3, \quad u_L = 0; \quad p_R = 10^3 Pa, \quad \rho_R = 0.01 kg/m^3, \quad u_R = 0$$

correspondente a um rácio de pressão de 100.

Para resolver o problema do tubo de choque, a secção é dividida em vários pontos de grelha na direção X, como se mostra na Figura (4.3). O espaçamento entre os pontos de grelha adjacentes é Δx. Assume-se agora as variáveis do campo de escoamento em todos os pontos de grelha como condições iniciais no tempo *t=0* e aplica-se o procedimento de marcha no tempo.

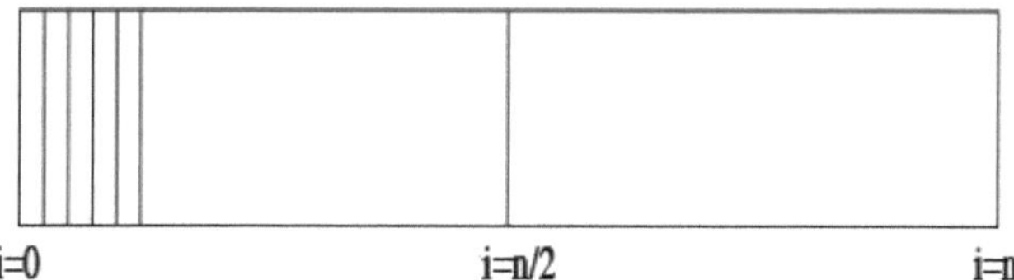

Figura 4.3: Distribuição dos pontos da grelha ao longo do tubo de choque.

4.3 O Escoamento Quasi-Unidimensional do Bocal

Este escoamento constitui uma excelente família de casos de teste para cálculos em estado estacionário. Além disso, permite testar diferentes condições, tais como, escoamentos subsónicos, escoamentos supersónicos sem choques, escoamentos subsónicos-supersónicos com choques, etc. Também pode ser investigado o impacto das condições de fronteira na convergência e na exatidão.

Na realidade, a área da secção transversal varia em função da distância ao longo do bocal, *x*, pelo que, na realidade, o campo de escoamento é bidimensional. Assumimos que as propriedades do escoamento variam apenas com *x*, e esse escoamento torna-se *quase unidimensional*.

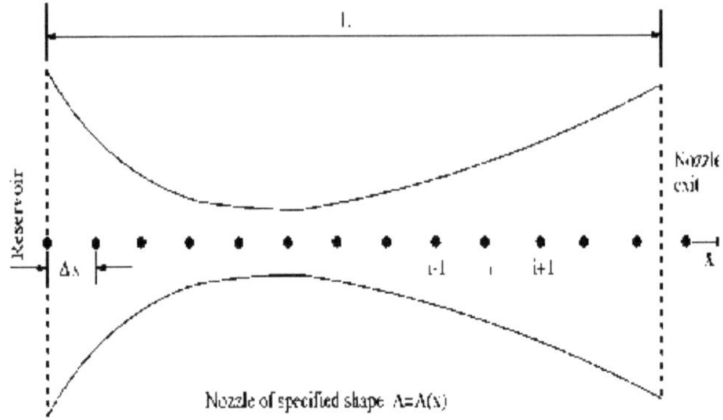

Figura 4.4: Distribuição dos pontos da grelha ao longo do bocal.

Para resolver um problema de bocal, este é dividido num número de pontos de grelha na direção x, como se mostra na Figura 4.4. O espaçamento entre os pontos de grelha adjacentes é $\Delta x.$. Assume-se agora que as variáveis do campo de escoamento em todos os pontos da grelha são condições iniciais no tempo *t=0*. Para acelerar o procedimento de marcha no tempo, é necessário escolher as condições iniciais com muito cuidado. Geralmente, as condições iniciais devem estar mais próximas dos resultados finais do estado estacionário para uma convergência mais rápida. O primeiro passo para resolver o problema do bocal é introduzir a forma do bocal e as condições iniciais no programa. Calcular todas as propriedades do escoamento para o passo de tempo seguinte e comparar com o passo anterior. Repita este procedimento até atingir o estado estacionário alcançado.

4.3.1 Geometria do bocal

As geometrias dos bicos para os quais foram efectuados os cálculos são: Problema 3: Um de uma série de bicos convergentes-divergentes bidimensionais projectados e testados no Centro de Investigação de Langley da NASA, nomeadamente, o bico A2, tal como se mostra na Figura (4.5) e Problema 4: Geometria mostrada na Figura (4.6). Para o problema 3, a geometria é formada por um plano a montante e a jusante da região da garganta com ângulos de inclinação de Θ e ß, respetivamente. Na região da garganta, tem uma superfície de transição em arco circular. A geometria é simétrica em relação ao plano do eixo central, e apenas a metade superior é aqui apresentada.

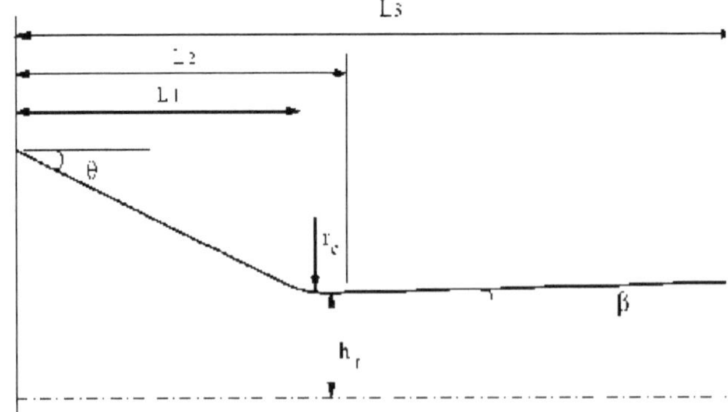

Figura 4.5: Problema 3: Bocal A2 da NASA.

As formulações que descrevem a geometria são

$$y = tan(\theta)x + h_i, \quad for \quad 0 \leq x \leq L_1 \quad (4.1)$$

$$y = y_c - \sqrt{(r_c^2 - (x - x_c)^2)}, \quad for \quad L_1 \leq x \leq L_2 \quad (4.2)$$

$$y = tan(\beta)(x - x_t) + y_t, \quad for \quad L_2 \leq x \leq L_3 \quad (4.3)$$

onde

where $\theta = -22.33^o$, $\beta = 1.21^o$, $L_1 = 4.74$ cm, $L_2 = 5.84$ cm, $L_3 = 11.56$ cm, $x_t = 5.84$ cm, $y_t = 1.37$ cm, $x_c = 5.78$ cm, $y_c = 4.11$ cm, $r_c = 2.74$ cm, $h_t = 1.37$ cm, and$h_i = 3.52$ cm.

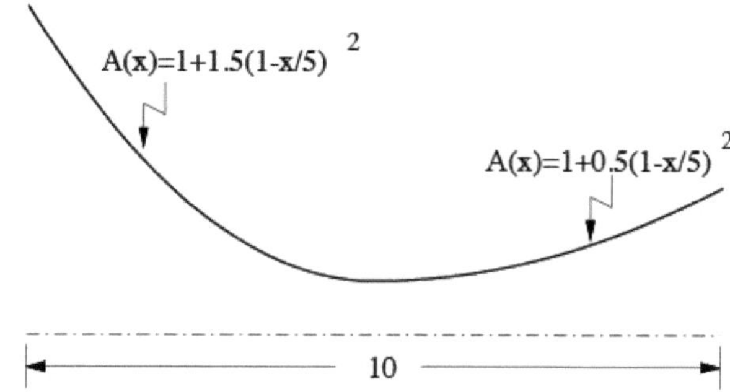

Figura 4.6: Problema 4: Distribuição da área do bocal

Para o problema 4, a geometria do bocal é dada por,

$$A(x) = 1 + 1.5(1 - x/5)^2 \quad for \quad 0 \leq x \leq 5 \quad (4.4)$$

$$A(x) = 1 + 0.5(1 - x/5)^2 \quad for \quad 5 \leq x \leq 10 \quad (4.5)$$

Capítulo 5

Resultados e discussão

5.1 Resultados numéricos para o problema do tubo de choque

Os resultados obtidos para o problema do tubo de choque para diferentes rácios de pressão (problema 1 e problema 2) são discutidos a seguir, primeiro com o esquema de MacCormack e depois com diferentes esquemas de vento ascendente.

5.1.1 Esquema de MacCormack

A Figura (5.1) apresenta o cálculo do escoamento instável em tubo de choque para as condições iniciais de Sod (1978) com descontinuidade de pressão de 10 e CFL = 0,95 após o tempo t = 6,1msec com o esquema de MacCormack. Os resultados mostram um comportamento típico de um esquema de precisão de 2ª ordem, na medida em que existem oscilações espúrias perto das descontinuidades, o que é caraterístico de esquemas em que o erro dispersivo domina a dissipação. A grelha de curso com 100 pontos mostra que, embora o choque seja nítido, a descontinuidade de contacto é manchada. Também mostra o choque de expansão na posição original (x = 5) do diafragma, onde ocorreriam condições sónicas se o ventilador de expansão atingisse esta localização. Esta geração de choque de expansão deve-se à falta de dissipação do esquema. Aqui não existe qualquer mecanismo que assegure o aumento de entropia exigido pela segunda lei da termodinâmica. Este facto é confirmado pelo diagrama de entropia da Figura (5.1) que não mostra qualquer variação de entropia ao longo do choque de expansão em x = 5. Confirma-se também que o choque é nitidamente resolvido mas a descontinuidade de contacto é manchada. Esta é uma caraterística comum a muitos esquemas. A Figura (5.2) mostra o resultado do mesmo problema para uma grelha mais fina de 1000. Aqui, verifica-se alguma melhoria tanto na superfície de contacto como no choque. No entanto, as oscilações espúrias mantêm-se. Para obter uma solução mais realista, podem ser utilizados limitadores de declive para suprimir as oscilações, tornando assim o esquema TVD.

5.2 Regimes de vento ascendente

Tal como explicado na secção (3.7), a condição de estabilidade representada pelo número CFL desempenha um papel muito importante no desempenho dos esquemas de vento ascendente. O efeito do número CFL para o esquema de divisão de Steger e Warming é apresentado na Figura (5.3). Para o problema do tubo de choque com descontinuidade de pressão inicial de 10, o efeito do CFL é mostrado. Se o CFL ultrapassar o limite de estabilidade (0,95), o esquema torna-se instável e ocorrem grandes oscilações na região do choque. A Figura (5.3) mostra esta situação para os valores de CFL 0,96 e 1,0.

Descrevem-se aqui os resultados obtidos com diferentes esquemas de vento ascendente, incluindo o esquema de divisão de fluxos de Van Leer, o esquema de divisão de fluxos de Steger Warming, o esquema de Zha-Bilgen e o método de divisão de Advecção a montante (AUSM) para o problema do tubo de choque.

5.2.1 Steger e o sistema de aquecimento

As Figuras (5.4) e (5.5) mostram os resultados para o problema do tubo de choque com razão de pressão 10 após o tempo *t=6,1 mseg* para *CFL=0,95* para diferentes tamanhos de grelha com o esquema Steger e Warming. Isto demonstra claramente que os resultados obtidos correspondem praticamente aos resultados exactos fornecidos por Charles Hirsch (1998), principalmente na região de expansão. Para a grelha grosseira de 100 pontos, (5.4) mostra que a descontinuidade de contacto é muito manchada e que a velocidade igual em ambos os lados desta descontinuidade não é rigorosamente mantida. A grelha fina de 2000 pontos melhora muito os resultados (5.5), mas a descontinuidade de contacto não é tão nítida como a obtida pelo esquema de MacCormack em 1000 pontos.

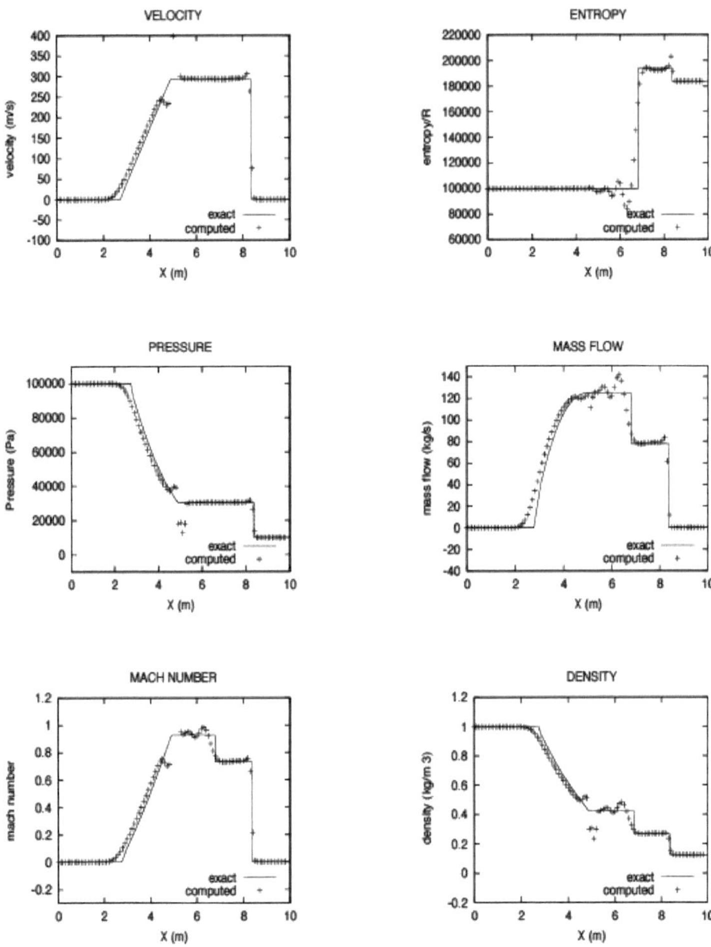

Figura 5.1: Cálculo do problema do tubo de choque com o esquema de MacCormack com tamanho de grelha de 100 e CFL=0,95 após tempo = 6,1 mseg para o problema 1.

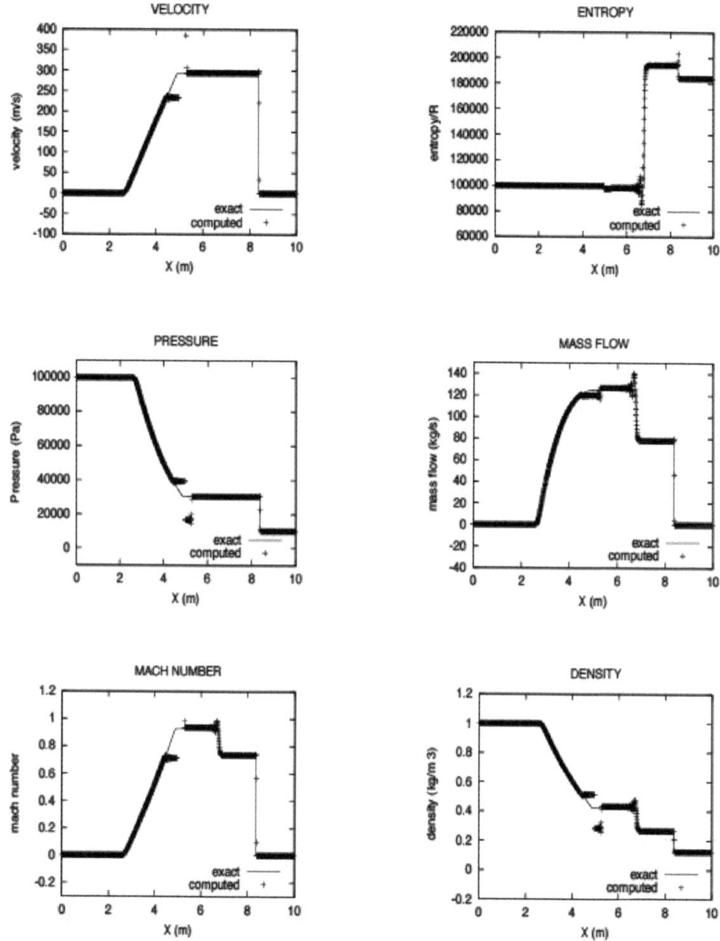

Figura 5.2: Cálculo do problema do tubo de choque com o esquema de MacCormack com tamanho de grelha de 1000 e CFL=0,95 após tempo = 6,1 msec para o problema 1.

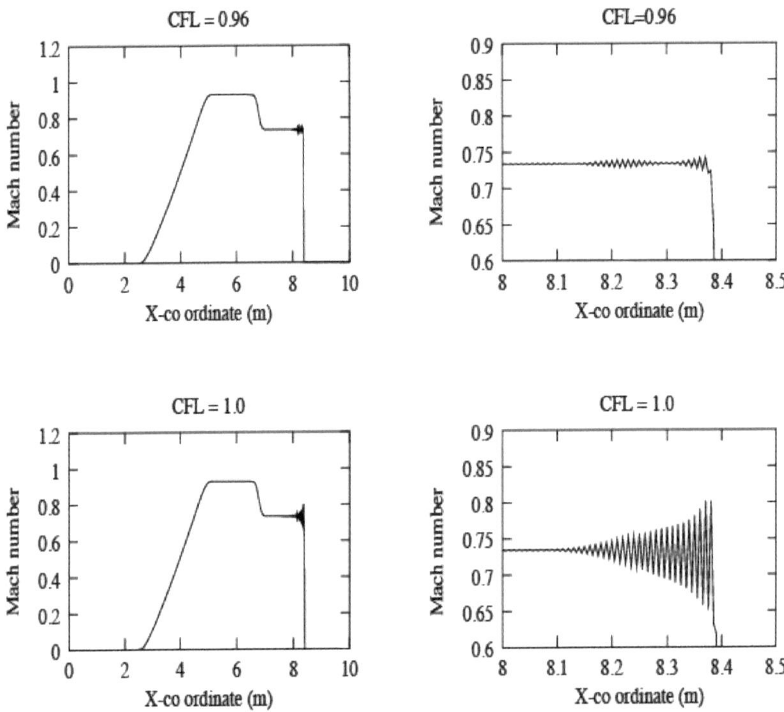

Figura 5.3: Efeito das lâmpadas fluorescentes compactas.

O cálculo do problema do tubo de choque com uma descontinuidade de pressão inicial de 100 com o esquema de Steger e Warming após o tempo *t=3,9 mseg* é também apresentado na Figura (5.6). O ventilador de expansão atinge velocidades supersónicas e a transição sónica ocorre na própria posição inicial do diafragma *x* = 5.

5.2.2 Esquema de Van Leer

A Figura (5.7) apresenta uma solução típica do problema do tubo de choque com uma razão de pressão de 10 para uma grelha de 100, obtida pelo esquema de Van Leer. Estas mostram a variação de todas as propriedades do escoamento em função da distância com CFL = 0,95 após o tempo *t=6,1 mseg.* Comparando

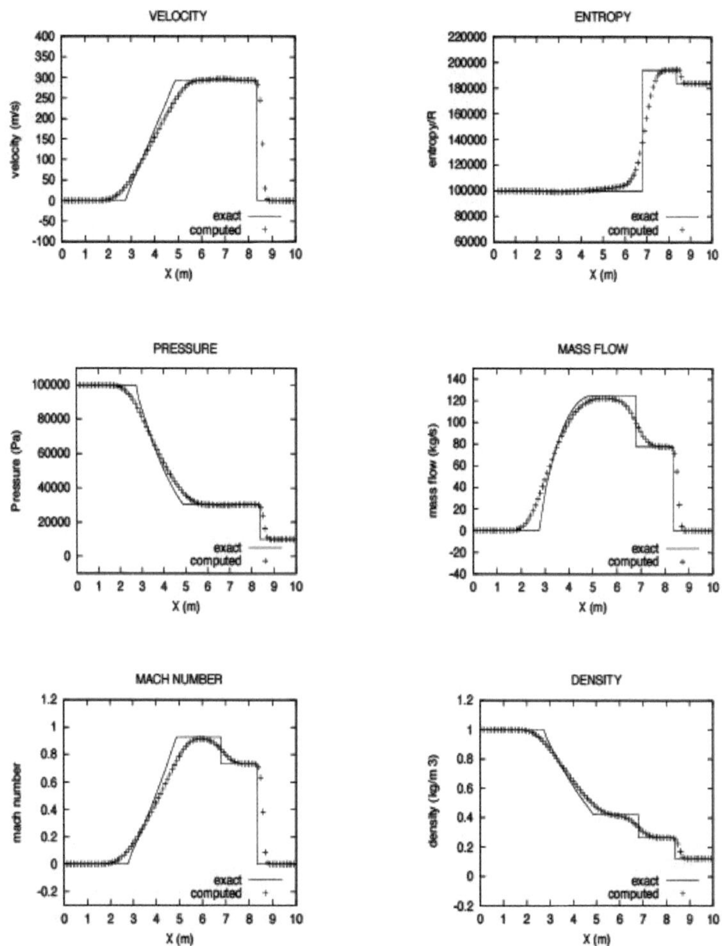

Figura 5.4: Cálculo do problema do tubo de choque com o esquema de Steger e Warming com um tamanho de grelha de 100 e CFL=0,95 após um tempo = 6,1 mseg para o problema 1.

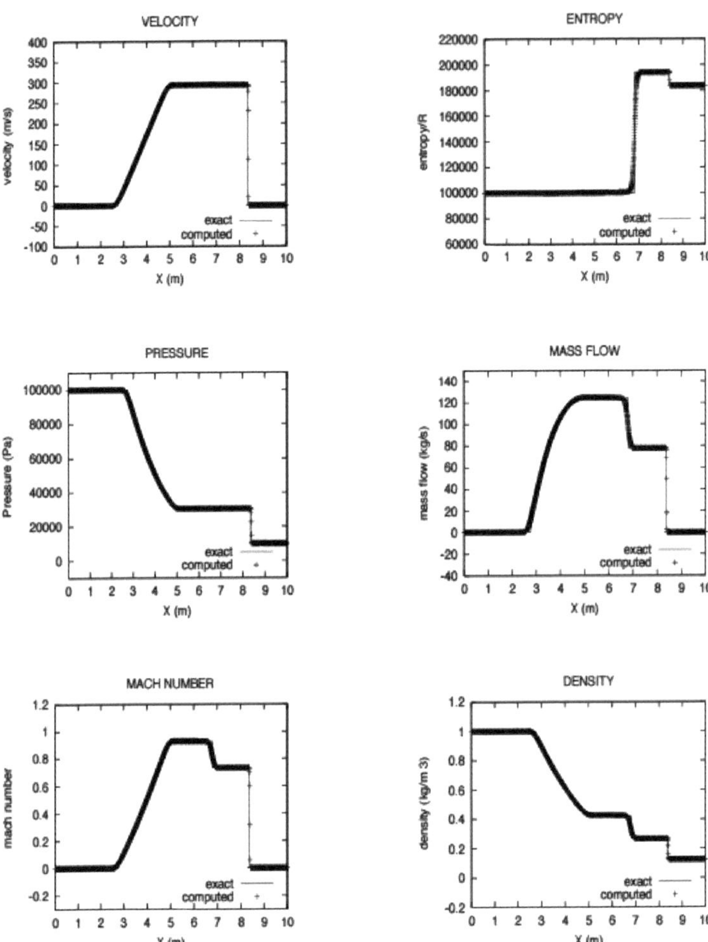

Figura 5.5: Cálculo do problema do tubo de choque com o esquema de Steger e Warming com um tamanho de grelha de 2000 e CFL=0,95 após um tempo = 6,1 mseg para o problema 1.

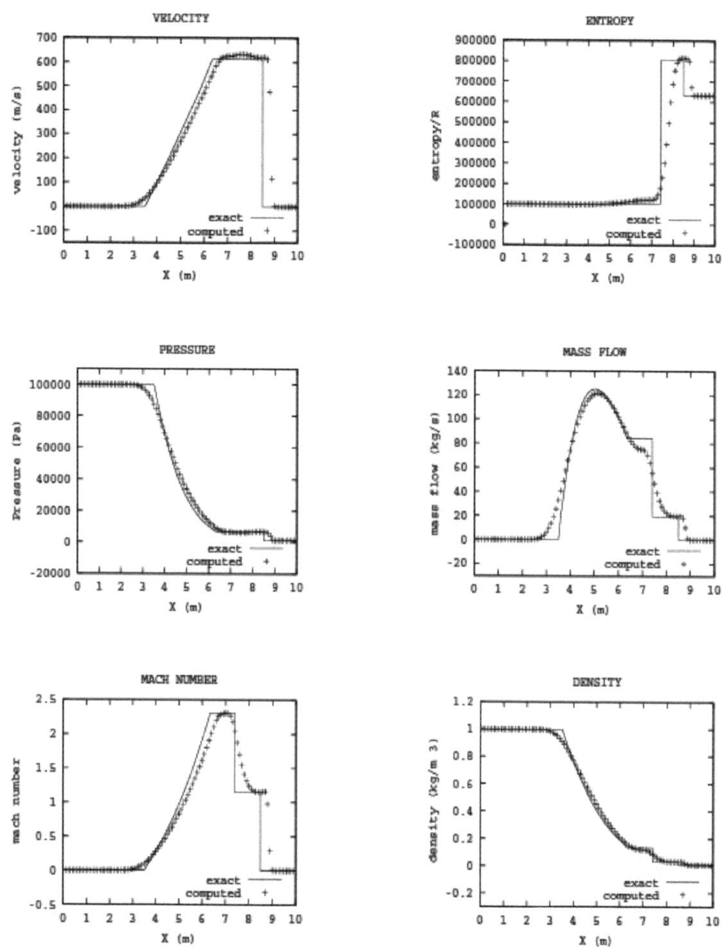

Figura 5.6: Cálculo do problema do tubo de choque com o esquema de Steger e Warming com um tamanho de grelha de 100 e CFL=0,95 após um tempo = 3,9 mseg para o problema 2.

com a divisão de fluxo de Steger e Warming, permite uma melhoria acentuada da região de expansão, embora a descontinuidade de contacto seja mal representada (mas melhor do que a de Steger e Warming). Esta é uma propriedade geral dos esquemas de divisão de vectores de fluxo, uma vez que as transições acentuadas requerem uma dissipação que desaparece ao atravessar as descontinuidades de contacto. Na região dos choques, a divisão de Van Leer apresenta melhores resultados em comparação com o esquema de Steger e Warming, que esbate mais os choques. Os resultados obtidos para o problema 2 com este esquema são apresentados na Figura (5.8). Mostra um grande salto na região transónica.

5.2.3 Esquemas Zha-Bilgen e AUSM

Do mesmo modo, os resultados para o problema do tubo de choque acima referido com o esquema AUSM e os esquemas Zha-Bilgen são apresentados nas Figuras (5.9) e (5.10) para os números CFL 0,40 e 0,95, respetivamente. Verifica-se que o esquema AUSM não pode ser estável se o CFL for superior a 0,40. Mas o esquema Zha-Bilgen funciona bem para um número de CFL até 0,95. Ambos os esquemas, numa grelha de 2000 pontos, parecem ter dado resultados igualmente precisos, com uma maior mancha da descontinuidade de contacto do que o choque.

5.2.4 Comparação de todos os regimes

A comparação de todos os esquemas para a variação da densidade com a descontinuidade da pressão inicial 10 é mostrada nas Figuras (5.11 a) e (5.11 b) para as regiões importantes, nomeadamente a descontinuidade de contacto e o choque, com uma grelha de tamanho 1000. O esquema de MacCormack dá resultados muito próximos do resultado exato na região de choque, mas dará origem a um número de oscilações na descontinuidade de contacto. O número de pontos de grelha do esquema de Van Leer na região de choque é menor em comparação com todos os esquemas de vento ascendente. Isto mostra que funciona bem na região de choque. O esquema de Steger e Warming também funciona razoavelmente bem em comparação com os outros esquemas. Na superfície de contacto, o AUSM e o Zha-Bilgen correspondem exatamente um ao outro e, na região de choque, os resultados do AUSM estão mais próximos do exato.

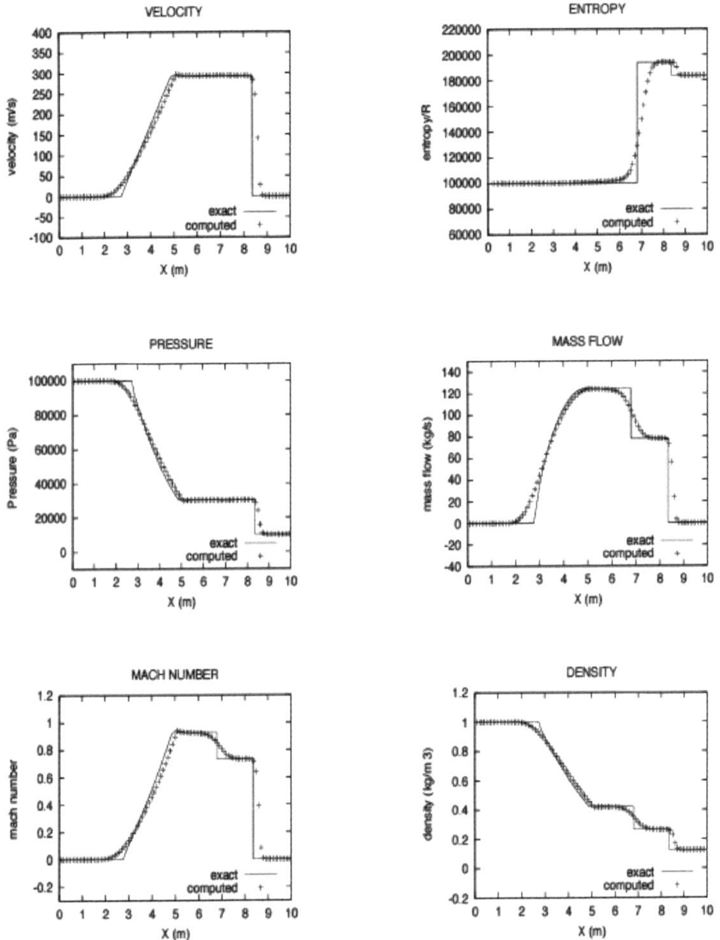

Figura 5.7: Cálculo do problema do tubo de choque com o esquema de Van Leer com grelha

tamanho de 100 e CFL=0,95 após tempo = 6,1 mseg para o problema 1.

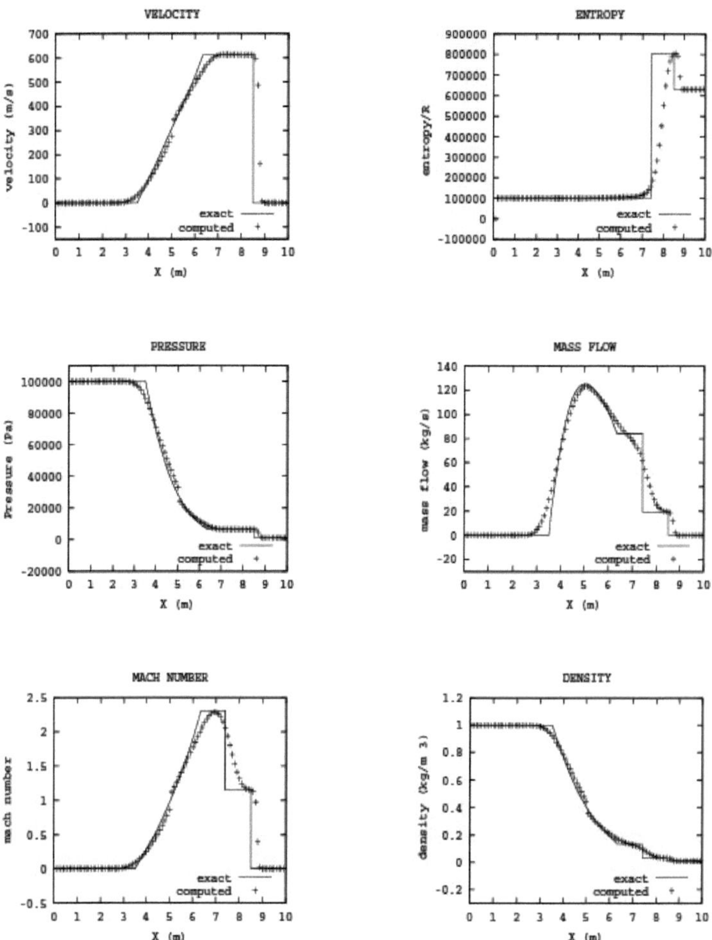

Figura 5.8: Cálculo do problema do tubo de choque com o esquema de Van Leer com grelha tamanho de 100 e CFL=0,95 após tempo = 3,9 mseg para o problema 2.

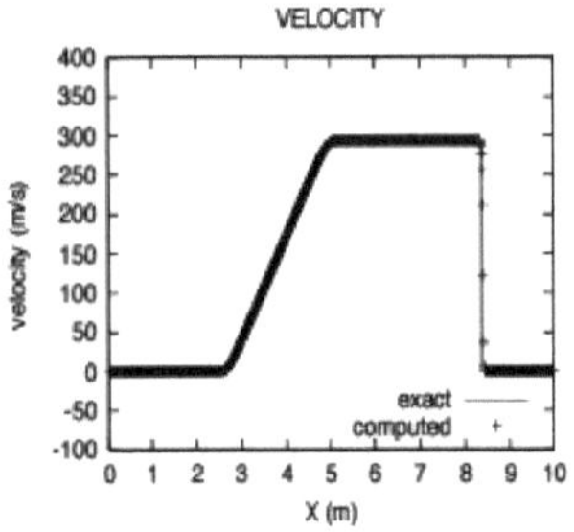
VELOCITY
velocity (m/s)
exact
computed
X (m)

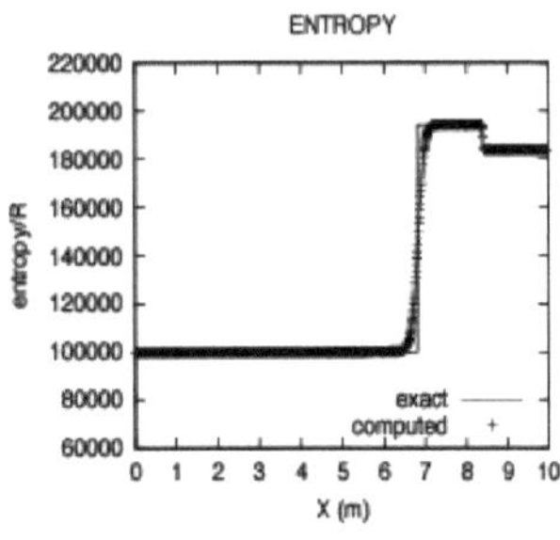
ENTROPY
entropy/R
exact
computed
X (m)

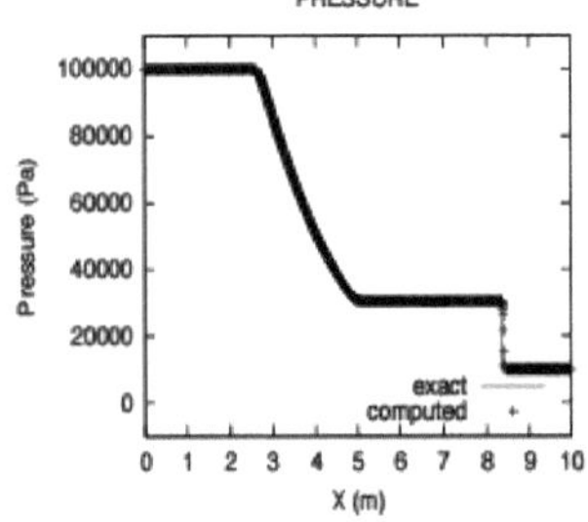
PRESSURE
Pressure (Pa)
exact
computed
X (m)

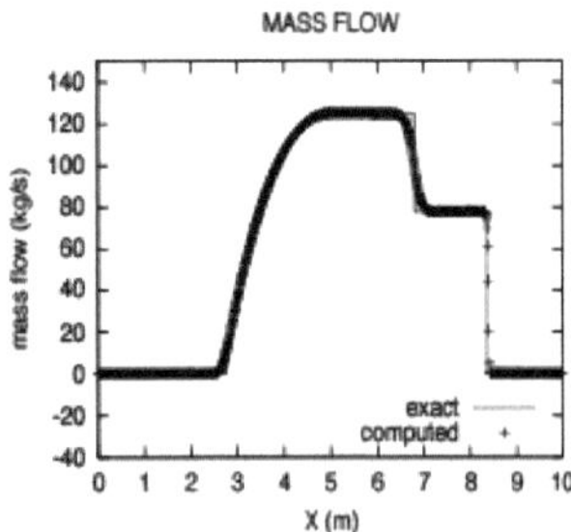
MASS FLOW
mass flow (kg/s)
exact
computed
X (m)

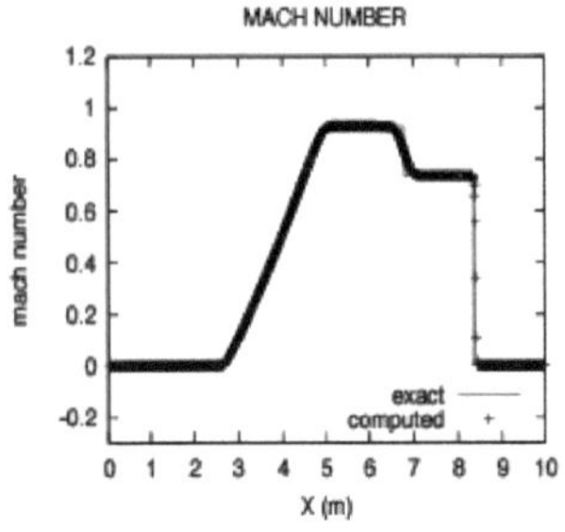
MACH NUMBER
mach number
exact
computed
X (m)

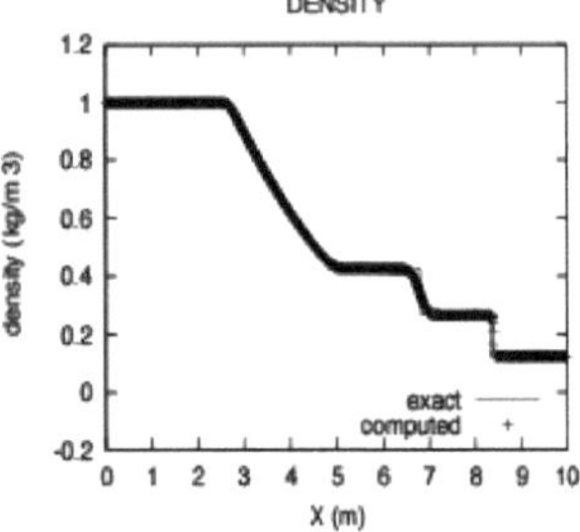
DENSITY
density (kg/m 3)
exact
computed
X (m)

Figura 5.9: Computação do problema do tubo de choque com AUSM com tamanho de grelha de 2000 e CFL=0,40 após tempo = 6,1 mseg para o problema 1.

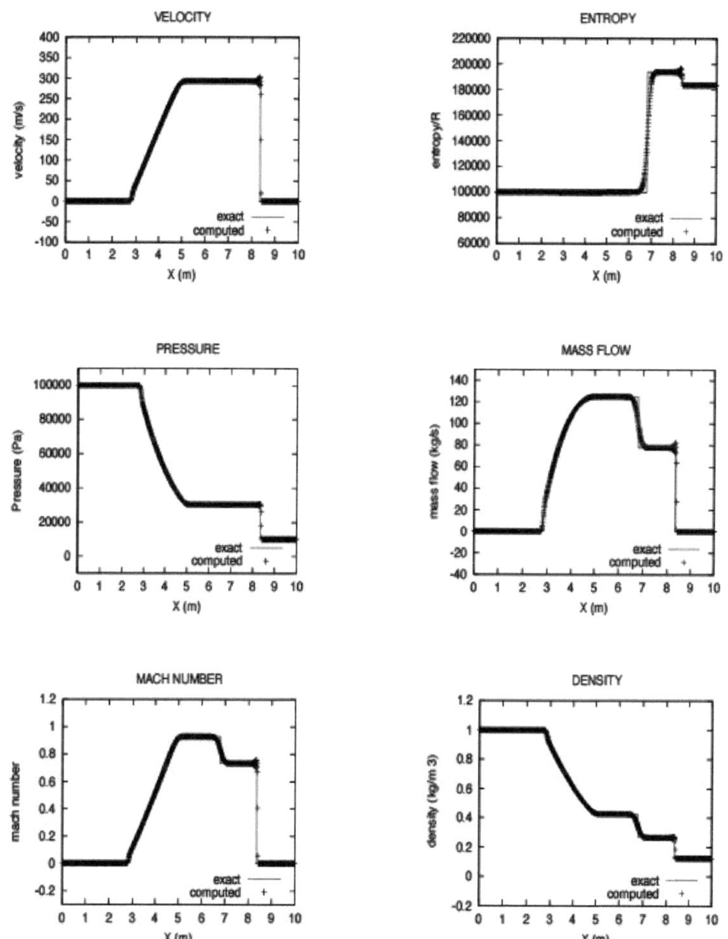

Figura 5.10: Computação do problema do tubo de choque com o esquema Zha Bilgen com tamanho de grelha de 2000 e CFL=0,95 após tempo = 6,1 mseg para o problema 1.

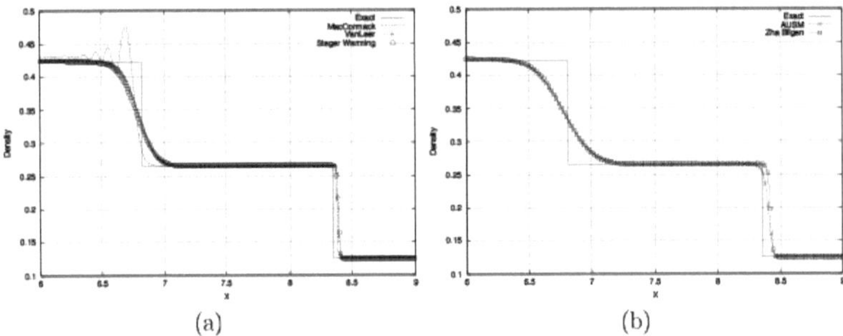

Figura 5.11: Comparação de todos os esquemas para o problema do tubo de choque com tamanho de grelha de 1000 para variação da densidade para o problema 1.

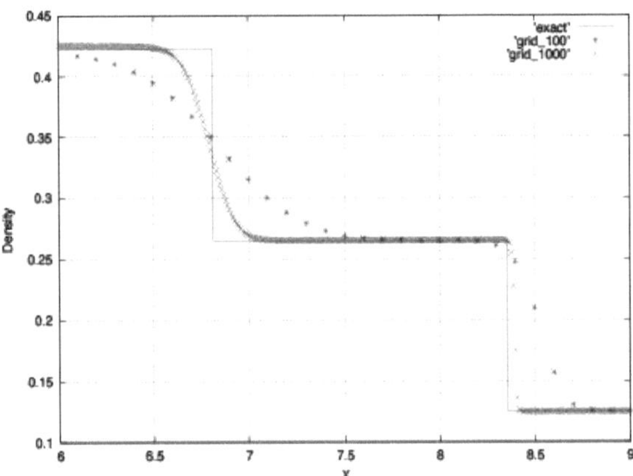

Figura 5.12: Efeito da grelha na variação da densidade com o esquema Steger e Warming para o problema 1.

5.3 Resultados numéricos para o modelo quasi-unidimensional

Bocal

Serão apresentadas soluções típicas para as seguintes condições iniciais.

Problema 3 :

Temperatura total = 300 K, Pressão total = 1013 K Pa.

Problema 4 :

Temperatura total = 300 K, Pressão total = lbar.

Para as condições de fronteira subsónicas à entrada, a velocidade é extrapolada a partir do domínio interior e as outras variáveis são determinadas pela temperatura total e pela pressão total. Para as condições de fronteira supersónicas à saída, todas as variáveis são extrapoladas a partir do interior do bocal. A solução analítica foi utilizada como campo de escoamento inicial. O cálculo é efectuado utilizando um passo de tempo global com precisão temporal. O contorno do bocal pode ser introduzido como uma função *y(x)* medida a partir da linha central. Para um bocal axissimétrico, a função *A(x)* é apenas, Л(a?) = П?/^{2} (.Уф Por outro lado, se for assumido um bocal 2-D, *A(x)=2 y(x)*. Para resolver, foi utilizado um código computacional em *C*. A solução foi obtida para as geometrias apresentadas no capítulo 4, executando o código até se obter o estado estacionário.

5.3.1 Comparação de todos os regimes

As Figuras (5.13) e (5.15) mostram a variação do número de Mach e do caudal em função da distância para o escoamento isentrópico subsónico-supersónico constante através de um bocal com diferentes esquemas para o problema 3. A partir da Figura (5.15), é evidente que o caudal calculado com o esquema de Van Leer, o esquema de Steger e Warming e o esquema de MacCormack está mais próximo do resultado analítico, mas o AUSM e o Zha-Bilgen estão mais afastados deste. Podem tirar-se conclusões importantes estudando a variação do número de Mach na região da garganta. Tal é claramente demonstrado na Figura (5.14) para o problema 3 e na Figura (5.16) para o problema 4.

O esquema de MacCormack é o que melhor concorda com o resultado analítico na região da garganta, mas com um pequeno salto. Este esquema tem um desempenho extremamente bom quando não há choque e descontinuidade de contacto.

O esquema de Van Leer também concorda bem com o resultado analítico, mas na região de transição há um grande salto. O esquema de Steger e Warming tem um bom desempenho sem qualquer

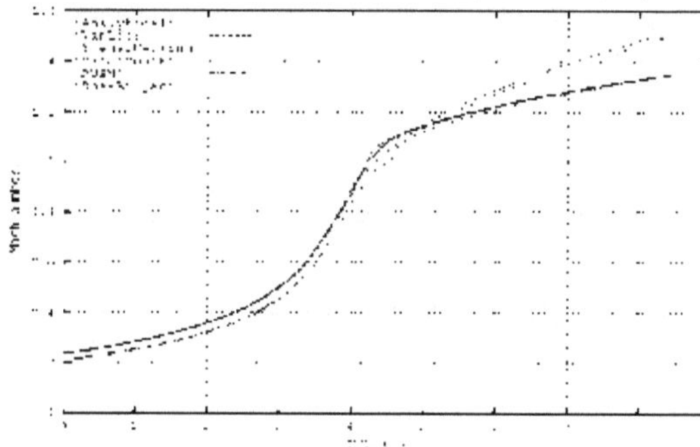

Figura 5.13: Comparação da variação do número de Mach para todos os esquemas para o problema 3.

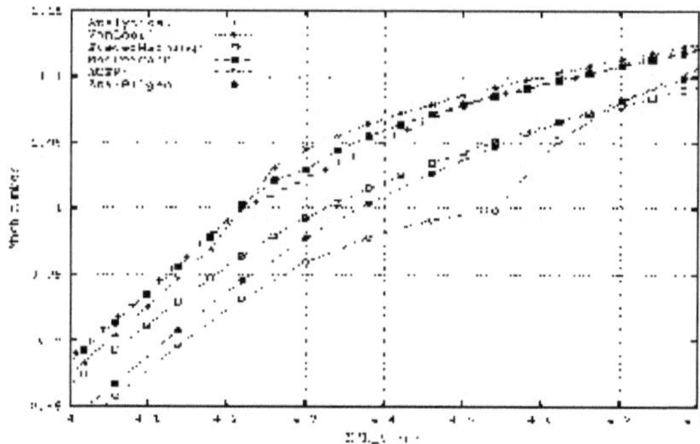

Figura 5.14: Comparação da variação do número de Mach na garganta para o problema 3.

O esquema AUSM dá um pequeno salto na região da garganta e desvia-se à saída. Mas o esquema AUSM está a dar um pequeno salto na região da garganta e está a desviar-se na saída, da mesma forma que o esquema Zha-Bilgen também se está a desviar mais dos resultados analíticos na saída.

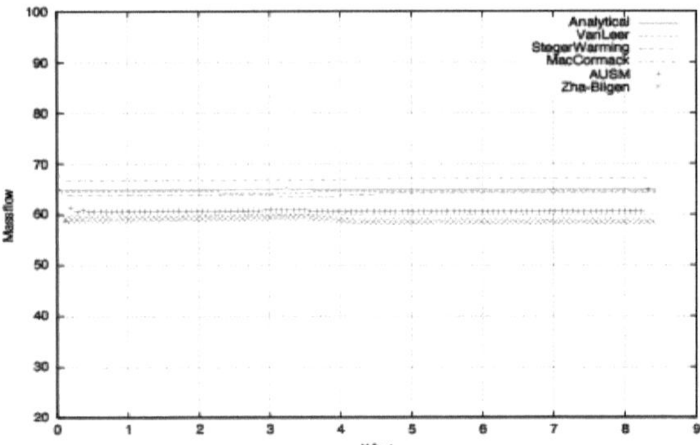

Figura 5.15: Comparação da variação do caudal mássico para todos os esquemas para o problema 3.

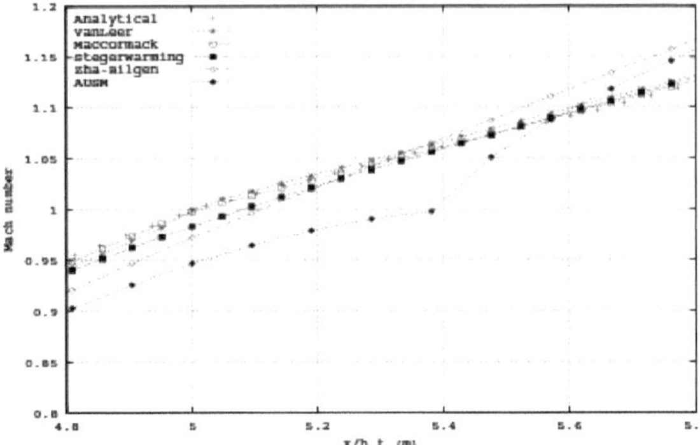

Figura 5.16: Comparação da variação do número de Mach na garganta para o problema 4.

Referências

1. Beam, R. M., e Warming, R. F. (1976). 'Um algoritmo implícito de diferença finita para sistemas hiperbólicos na forma de lei de conservação'. *Jornal de Física Computacional,* 22, 87-109.

2. Briley, W. R., McDonald, H. (1975). 'Solução de equações tridimensionais de Navier-Stokes por uma técnica implícita'. *Proc. Fourth International Conference on Numerical Methods in Fluid Dynamics, Lecture Notes in Physics,* Vol. 35.

3. Charles Hirsch. (1990). *Numerical Computation of Internal and External Flows,* Vol. 2, John Wiley Sons.

4. Courant, R., Isaacson, E., e Reeves, M. (1952). Sobre a solução de equações diferenciais hiperbólicas não lineares por diferenças finitas. *Comm. Matemática Pura e Aplicada,* 5, 243-55.

5. Edwards, J. R. (1995). A Low-Diffusion Flux Splitting Scheme for Navier-Stokes Calculations" (Um esquema de divisão de fluxo de baixa difusão para cálculos de Navier-Stokes). *Actas do 12º Encontro de Dinâmica de Fluidos Computacional da AIAA*, AIAA, Washington, DC.

6. Edwards, J. R. (1997). A Low-Diffusion Flux Splitting Scheme for Navier-Stokes Calculations" (Um esquema de divisão de fluxo de baixa difusão para cálculos de Navier-Stokes). *Computers and Fluids,* 6, 635-659.

7. Gary, J. (1978). On boundary conditions for hyperbolic difference schemes". *Journal of Computational physics,* 26, 339-51.

8. Godunov, S. K. (1959). 'Um Esquema de Diferença para Computação Numérica de Solução Descontínua de Equações Hidrodinâmicas'. *Math. Sbornik,* 47, 271-306 *(em russo).*

9. Harten, A. (1983). 'Esquemas de alta resolução para leis de conservação hiperbólicas'. *Journal of Computational Physics,* 39, 357-93.

10. Jameson, A. (1987). 'Successes and Challenges in Computational Aerodynamics'. *Proc. AIAA 8th Computational Fluid Dynamics Conference,* AIAA Paper, 87-1184.

11. Jameson, A. (1987). 'Lower-upper Implicit. Schemes with Moltiple Grids for the Euler Equations". *AIAA Journal.* 25, 929-35.

12. John D. Anderson Jr. (1995). *Computational Fluid Dynamics - The Basics With Applications,* McGraw-Hill International Editions, Nova Iorque.

13. Lax, P. D. (1954). 'Soluções fracas de equações hiperbólicas não lineares e sua computação numérica'. *Comm. Pure and Applied Mathematics,* 7, 159-93.

14. Lax, P. D., e Wendroff, B. (1960). 'Sistema de Leis de Conservação'. *Cornm. Matemática Pura e Aplicada,* 13, 217-37.

15. Lax, P. D., e Wendroff, B. (1964). 'Esquemas diferenciais para equações hiperbólicas com alta ordem de precisão'. *Comm. Pure and Applied Mathematics,* 17, 381-98.

16. Le Veque. (1990). "Hyperbolic conservation laws and Numerical methods", *von Karman Institute for Fluid Dynamics,* Lecture series: 1990-03, 4-42.

17. Liou, :\L S. (1995). 'Progress Towards an Improved CFD Method : AUSJf + .' *Procedimentos da 12ª Reunião de Dinâmica de Fluidos Computacional da AIAA*, AIAA, Washington, DC.

18. Liou, M. S. (1996). 'Uma Sequência para AUSM: AUSJ'if+.' *Journal of Computational Physics,* 129, 364-382.

19. MacCorrnack, R \V. (1969). 'The Effect of Viscosity in Hypervelocity Impact Cratering'. *Documento da AIAA,* 69-354

20. Mason, M. L., Putnam, L. E. 'The Effect of Throat Contouring on Twodimensional Converging-Diverging Nozzles at Static Conditions'. NASA TP 1074, 1980.

21. Osher, S. (1981). 'Solução Numérica de Problemas de Perturbação Singular e Sistema Hiperbólico de Leis de Conservação'. *Mathematics Studies,* 47, 179-205.

22. R.ichtmyer, R,. D., e Morton, K. \V. (1967). *Difference Methods for Initial Value Problems,* 2nd edn, Nova Iorque: John Wiley and Sons.

23. Roe, P. (1983). 'Approximate Riemann Solver, Parameter Vectors, and Difference Schemes'. *Journal of Computational Physics,* 43, 357-372.

24. Sod, G. A. (1978). 'A Survey of Several Finite Difference Methods for System of Nonlinear Hyperbolic Conservation Laws'. *Journal of Computational Physics.* 27, 1-31.

25. Steger, J. L., e Warming, R. F. (1981). 'Flux Vetor Splitting of the Inviscid Gas-dynamic Equations with Application to Finite Difference Methods'. *Journal of Computational Physics,* 40, 263-93.

26. Tannehill, .J. C., Anderson, D. A., Pletcher, R. H. (1997). *Computational Fluid Mechanics and Heat Transfer,* Second Edition (*Mecânica dos Fluidos Computacional e Transferência de Calor,* Segunda Edição).

27. Van Leer, 13. (1979). 'Rumo ao esquema de diferença conservadora final. V. A Second-order Sequel to Godunov's Method. *Journal of Computational Physics,* 32, 101-36.

28. Van Leer, 13. (1982). 'Flux Vetor Splitting for Euler Equations'. In *Proc. 8 th International Conference on Numerical Methods in Fluid Dynamics,* Springer Verlag.

29. Zha, G. C., e Bilgen, E. (1993). 'Soluções numéricas das equações de Euler utilizando um novo esquema de divisão do vetor de fluxo'. *International Journal for Numerical Methods in Fluids.* 17. 115-144 .

30. Zha, G. C. (1999) 'Comparative Study of Upwind Scheme Performance for Entropy Conditions and Discontinuities'. *Documento da AIAA,* 99-3348.

31. Zha, G. C. (1999) 'Numerical Test of Upwind Scheme Performance for Entropy Condition'. *AIAA Journal,* 37, No 8: Technical Notes, 1005-1007.

Printed by Books on Demand GmbH, Norderstedt / Germany